中国科学院战略性先导科技专项
热带西太平洋海洋系统物质能量交换及其影响

走向深海
西太平洋深海科考画册

孙 松 主编

科学出版社

北 京

内 容 简 介

本书基于中国科学院战略性先导科技专项（A 类）"热带西太平洋海洋系统物质能量交换及其影响"的研究历程，记录和反映了项目组对西太平洋的探测和考察，展示了我国深海探测装备，海山、深海热液、深海冷泉等深海环境，千姿百态的深海生物，以及研究团队的工作风貌。希望本书能够让读者对海洋，尤其是深海有更加深刻、全面的了解。

本书可供海洋科学相关专业的师生、科研人员参考，也可供对海洋感兴趣的大众阅读。

图书在版编目（CIP）数据

走向深海：西太平洋深海科考画册 / 孙松主编. —北京：科学出版社，2019.10

ISBN 978-7-03-062255-6

Ⅰ. ①走… Ⅱ. ①孙… Ⅲ. ①西太平洋－深海－科学考察－画册 Ⅳ. ①P721-64

中国版本图书馆 CIP 数据核字（2019）第 199704 号

责任编辑：王海光　王　妤 / 责任校对：郑金红
责任印制：肖　兴 / 设计制作：金舵手世纪

科学出版社 出版

北京东黄城根北街16号
邮政编码：100717
http://www.sciencep.com

北京汇瑞嘉合文化发展有限公司　印刷
科学出版社发行　各地新华书店经销

*

2019年10月第 一 版　开本：889×1194　1/16
2019年10月第一次印刷　印张：9 1/2
字数：288 000

定价：168.00元
（如有印装质量问题，我社负责调换）

《走向深海——西太平洋深海科考画册》编撰工作组

主　编： 孙　松

组　长： 王秀娟　李超伦

成　员（按姓氏汉语拼音排序）：

　　董冬冬　郭　琳　李富超　李彦青　栾振东　潘　诚　沙忠利　孙晓霞

　　唐　凯　汪嘉宁　王敏晓　徐奎栋　徐振华　尹　宏　于仁成　张　芳

　　张　鑫　张广旭　张国良　张均龙　张立斌　赵　君

撰写分工：

第一章　深海大洋梦

　　李超伦　唐　凯　尹　宏

第二章　海山

　　一、海山生物：张均龙　徐奎栋　栾振东

　　二、海山综合探测：张广旭　王秀娟　张国良　董冬冬

第三章　极端环境与生命

　　一、深海热液：张　鑫　栾振东　王敏晓　张均龙

　　二、深海冷泉：张　鑫　栾振东　王秀娟　王敏晓

　　三、大型生物：沙忠利

第四章　深海潜标网

　　汪嘉宁　李彦青

第五章　团队风貌

　　王秀娟

前　言

地球表面超过 71% 的区域被海洋覆盖，海洋的平均深度接近 4000m。而人类并不生活在海洋中，所以我们对海洋的认识在很大程度上依赖于各种各样的海洋观测装备。由于海洋自身的广袤性和探索海洋的困难性，长期以来，海洋，特别是深海在人们看来都很神秘。1977 年，美国的"阿尔文"号深潜器在东太平洋发现了深海热液（"黑烟囱"）及其周围的"热液生物群"，所拍摄的大量照片使人们眼界大开，深海热液生物群的发现震惊了全球生物界和地学界，被誉为 20 世纪生物学和地球科学领域最重要的发现之一。当深海的神秘面纱被悄悄揭开，人们对进一步认识深海的期待与梦想也被点燃。深海到底什么样？是否都美丽如画？这里的生命如何演化，生存机制是什么？我们一无所知。尽管充满憧憬与渴望，但是由于缺乏进入深海的探测平台与装备，人们只能望洋兴叹、无能为力。2012 年国家重大科技基础设施"科学"号海洋综合科学考察船建设成功并正式投入使用，2013 年中国科学院战略性先导科技专项（A 类）"热带西太平洋海洋系统物质能量交换及其影响"开始实施。这两个史无前例的机遇给了我们一个走向深海、发现深海奥秘、独立开展深海研究的机会。在这样的机遇下，我们组建了一支多学科交叉、具有战斗力和凝聚力的团队。经过 5 年的风雨征程，团队从走向深海、探测深海到认知深海，取得了一系列丰硕的成果。

本书从侧面记录和反映了我们对西太平洋的探测和考察，展示了我国深海探测装备，海山、深海热液、深海冷泉等深海环境，千姿百态的深海生物，以及研究团队的工作风貌。希望本书能够让读者对海洋，尤其是深海有更加深刻、全面的了解。

目　　录

第一章　深海大洋梦　　1
　　一、深海的重要性　2
　　二、探测深海能力　3

第二章　海山　　11
　　一、海山生物　12
　　二、海山综合探测　60

第三章　极端环境与生命　　77
　　一、深海热液　78
　　二、深海冷泉　92
　　三、大型生物　98

第四章　深海潜标网　　115

第五章　团队风貌　　133

第一章

深海大洋梦

一、深海的重要性

深海以其广阔的空间、丰富的资源和特殊的政治地位日益成为各国关注的重要战略区域。深海研究不仅支撑着国家发展的战略需求，同时还孕育着地球系统科学新的理论革命。热带西太平洋是西太平洋暖池也是全球气候变化的"发动机"，对我国气候影响尤为显著，是我国实施由浅海向深海发展战略和实现海洋强国战略的必经之地。同时，热带西太平洋是全球最著名的汇聚板块边缘之一，是现今地球上超巨型俯冲带发育区。它孕育着全球最古老的洋壳和地球上最年轻、最壮观的海沟-岛弧-弧后盆地系统，在全球板块构造理论中占有独特地位，是全球唯一可同时观察到板块消减与增生的区域，也是研究俯冲带发震机制、物质循环过程、地球动力学及其资源环境效应的理想区域。由于缺少满足深海探测需求的科学考察船，缺少定型技术装备，难以将"船-装备-人员"一体化，形成"生命有机"的探测体系，探测技术相对落后，缺乏系统观测手段，导致西太平洋深海区域研究的相对滞后，使中国近海研究的一些关键核心科学问题长期悬而未决。

由于深海研究的薄弱，导致我国海洋科学研究一直在国际前沿领域的外围徘徊，几代海洋研究工作者只能望洋兴叹！因此，开展对全球海洋，特别是深海和大洋的动力环境、资源状况、深海生命与生态系统进行系统研究，提升我国深海观测与探测能力，是老一代科学家的梦想。

由于板块俯冲作用，在西太平洋边缘向陆一侧发育了占全球70%的海沟-岛弧-弧后盆地系统，向洋一侧发育了广阔的深海盆地和密集分布的海山群。独特的地质构造格局和地理环境孕育着种类丰富、储量巨大的海底资源。这些海底资源是国家发展最具潜力的战略储备资源。此外，西太平洋海区发育的热液系统和海山系统中还培育了特殊的生态系统和生物群落，可提供独特的深海基因和酶资源，在医疗、化工等领域具有广阔的应用前景。在该海区典型海域进行系统的深海科学探索与研究，必将在我国地球科学、生命科学及环境科学等多方面取得重大突破性进展，并带动相关高新技术及产业的发展。

二、探测深海能力

2013年，依托国内最先进的"科学"号科学考察船，通过执行中国科学院战略性先导科技专项（A类）"热带西太平洋海洋系统物质能量交换及其影响"，通过全方位深入探求，围绕国际前沿科学问题开展多学科交叉研究，建立深远海观测研究网，进行长期与连续观测，实现观测数据实时传输。在科研目标驱动下进行设备研发，实现多种研制装备的协同探测，形成科研目标驱动的装备研制、立体全方位深海探测技术与研究团队，一步步完成"下得去、用得上、有影响"的深海探测，实现了深海实测地形横向分辨率从50米－亚米－厘米级的三次飞跃，原位证实我国海域存在裸露在海底的天然气水合物，原位获得高温热液喷口流体化学成分，发现传统保压取样会严重低估溶解气体的含量，初步建立我国海洋学家自主的理论体系。

"科学"号

2007年由国家发展改革委批复建设，于2012年9月建成，命名为"科学"号，由中国科学院海洋研究所以"专业运行、开放共享"的管理模式运行。"科学"号具备全球航行能力，包括冰区加强航行能力，满足无限航区需求。船舶总长99.80m、型宽17.80m、型深8.90m，总吨位4711吨，续航力15 000海里（1海里＝1.852km），定员80人；采用吊舱式电力推进系统，配置2台艏侧推，360°环视驾驶台，无人机舱，DP-1动力定位，一人驾驶桥楼。

驾驶台

第一章
深海大洋梦

八角楼

"科学"号上的八角楼是科考船进行海上作业的集中控制室,因具有八面玻璃和八角式的造型而得名。在八角楼里可以对海上作业进行360°的观察,而且所有操控支撑系统的设备都可以在这里集中控制,这就大大减少了人力资源,而且提高了配合的默契。这里还有一套船舶驾驶系统,在八角楼里就可以操控船舶。这样在复杂的科考活动中,驾驶员和作业队员可以零距离交流,高效完成科考任务。

蓝色大洋上的"科学"号甲板作业区

"科学"号综合探测能力

国家重大科技基础设施"科学"号海洋综合科学考察船,配备4500m水下缆控潜水器(remote operated vehicle, ROV)等先进深海探测设备,形成综合探测体系,包括:水体探测系统、大气探测系统、综合地球物理探测系统、深海极端环境探测系统、遥感信息现场印证系统、船载实验与网络系统等。基于综合探测体系,成功实施我国在冲绳海槽热液活动区综合探测,对雅浦海山区和马努斯海盆热液系统开展深海综合调查,获得了深海高分辨率海底地形图、大量生物样品和地质样品,以及丰富的海底影像资料,形成了一支国际先进水平的深海探测技术队伍。

Nature专门撰文对"科学"号进行综合报道,认为"科学"号的建造和投入使用,让中国真正具备了深海探测与研究能力。

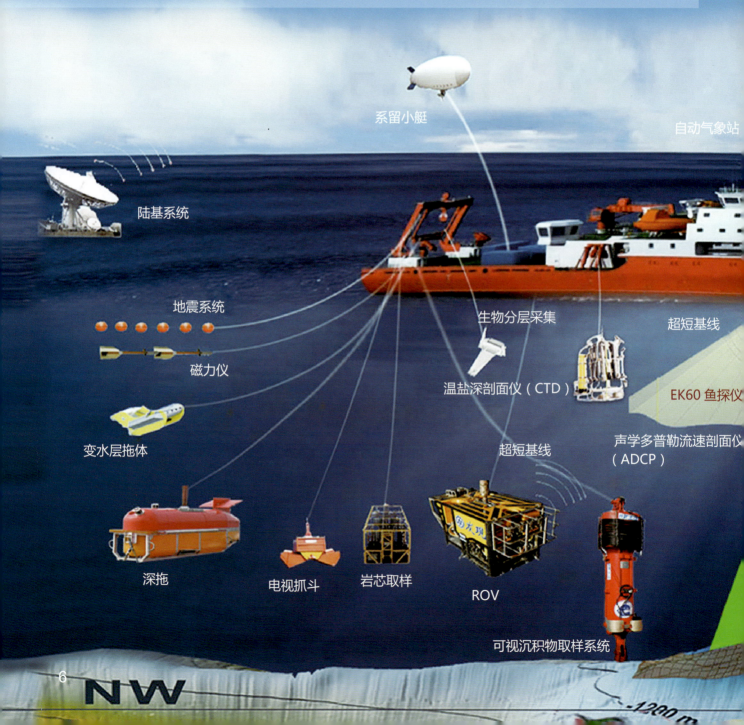

第一章
深海大洋梦

深海设备研发

在深海探测过程中需要自主研发大量的特殊设备,我们强调所有设备研发都必须服务于具体的科学目标,不片面强调设备的单项指标,而是强调设备的系统指标,做到"能用、好用、易用、耐用、方便、便宜"。自主研发设备要与已有设备进行集成,形成完整的深海探测与研发体系,将科学考察船、深潜器及各种海洋探测工具与海洋技术体系、技术队伍和科研队伍建设作为一个整体进行综合部署,将科学与技术有机结合,全面提高我国深海探测与研究水平。

遥感
探空火箭
海气通量
4500m"探索"号自主水下潜水器
浅水多波束
深水多波束

"发现"号 ROV

　　深潜器是研究深海的重要平台,相当于科学家深海探测的眼睛和手臂。在海洋先导专项探测深海的过程中,4500m"发现"号 ROV 作为水下探测平台,发挥了重要的作用。"发现"号 ROV 在设计、建造过程中我们提出了"下得去、看得清、测得准、拿的上、可扩展、用得起"的目标和标准,这看起来简单,要完全做到非常不易。在这种理念指导下,"发现"号 ROV 配备了高清摄像系统、非常灵敏和有力的机械臂、各种取样设备和探测设备,并且能够根据需要不断研发新的设备集成到"发现"号 ROV 上,使其功能越来越强,以满足不同类型的深海探测需求。从 2014 年开始,"发现"号 ROV 在南海冷泉、冲绳海槽热液区、马努斯海盆热液区、雅浦海山、马里亚纳海沟、卡罗琳海山等区域进行了大量综合考察,累计下潜 200 多次,本书大部分海底图像均由"发现"号 ROV 获取。

第一章
深海大洋梦

第二章

海　山

一、海山生物

广袤的深海有着独特的生物群落，特殊的环境孕育了这里特有的物种，极具生态价值。由于这里环境相对稳定，是生物良好的庇护所，但食物贫瘠、水温较低，使它们往往生长缓慢，寿命也大都很长。海山是深海生物最丰富的地方之一，这里有海绵、柳珊瑚、黑珊瑚适宜生存的底质，形成海绵场（spongy meadow）、珊瑚林（coral garden），也被称为"海底花园"，为其他生物提供栖息地。海山也是探讨生物区系连通性、进化、特有种分布等生命现象与过程的"天然实验室"。通过对雅浦海山、马里亚纳海山、卡罗琳海山、麦哲伦海山4座海山的调查，我们采集到大型底栖生物标本千余号，共计500多种生物，其中发现3个新属30多个新种；分离培养8000多株细菌，500多种不同细菌，潜在细菌新种46个，这些成果有助于我们对"特有种假说和物种源汇假说""孤岛隔离假说和绿洲假说"等予以验证，究竟哪一个正确，还是有其他新的假说，将是我们探寻深海奥秘的使命。

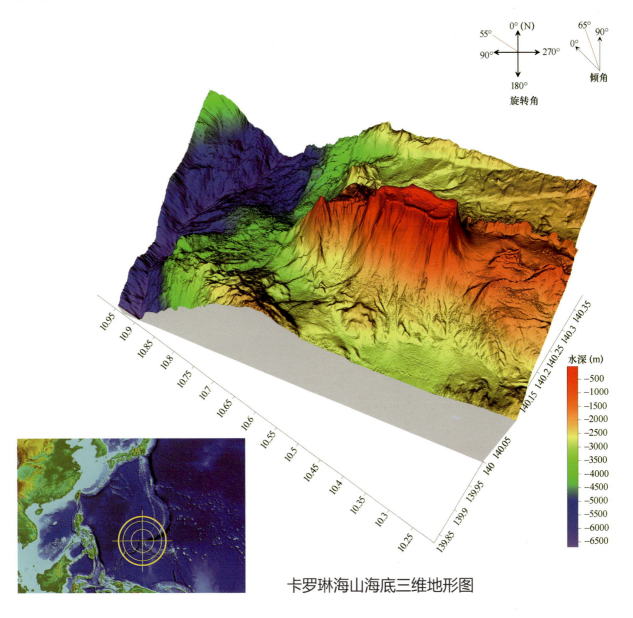

卡罗琳海山海底三维地形图

第二章
海 山

金柳珊瑚

海蜥鱼

芒虾（卡罗琳海山，水深 760m）

第二章
海　山

海蜥鱼

海蜥鱼

　　海蜥鱼进化出了特殊的适应机制以适应深海环境。一些种类侧线系统高度发达，侧线上的小孔具有感觉机能，且延伸分布至整个体长，通过感知周围的振动来探测环境的变化；另一些种类可以将它们长长的胸鳍直立或向前，从而感知环境的变化。成熟的雄鱼具有发育良好的嗅觉器官，据推测可以利用气味来寻找配偶。

项链海星（卡罗琳海山，水深 560m）

第二章
海　山

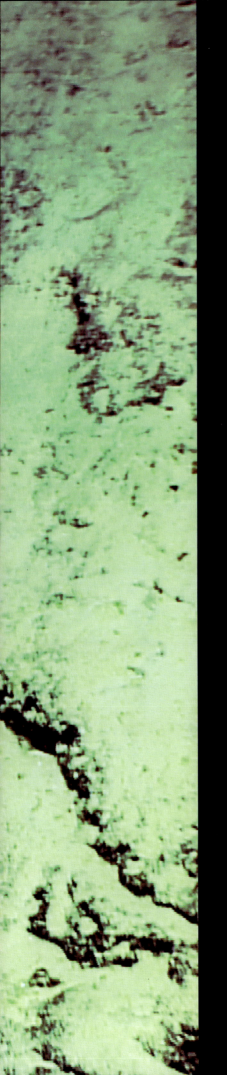

鹅掌藻（卡罗琳海山，水深 100m）

拟人面蟹（卡罗琳海山，水深 370m）

红胸棘鲷（卡罗琳海山，水深 420m）

裂黑珊瑚（卡罗琳海山，水深 887m）

17

花羽软珊瑚(卡罗琳海山,水深 1435m)

第二章 海山

蛇尾

蛇尾有5条长的"尾巴",有的前伸,有的拖后,像蠕虫弯曲蠕动,又像蛇蜿蜒前行,这5条"尾巴"其实是蛇尾的腕。它们主要靠腕的屈伸和腕棘对地面的摩擦移动。潜伏在沙泥中生活,钻沙时依靠触手的帮助。主要靠腕和口部触手的活动摄取食物,食物主要是各种有机碎屑和一些小型底栖生物,如有孔虫、硅藻、小甲壳类等。蛇尾类细而脆的腕"自切"和"再生"力都很强,在受到攻击或感到有危险时,很容易将部分腕甚至整个腕断掉,以此分散天敌的注意力,然后乘机逃走,而失去的腕可以再生。有少数种能用无性的"裂体生殖法"进行增殖。

蛇尾

走向深海
西太平洋深海科考画册

鮟鱇鱼

鮟鱇鱼

鮟鱇鱼

鮟鱇鱼为鮟鱇目的一类鱼。底栖鱼类，常匍匐于海底。胸鳍常长有肉柄，可以在海底爬行，但行动迟缓。肉食性，以鱼类及甲壳类为食。以头顶上的鳍刺作为诱饵；背鳍最前面的刺伸长像钓竿的样子，前端有皮肤皱褶伸出去，看起来很像鱼饵，利用此饵状物摇晃来引诱猎物，待猎物接近时，便突然猛咬捕捉，再大口一口吞下去。鮟鱇鱼没有肋骨，所以胃可以撑得很大，甚至可以吃下比自己大的鱼。而且它们的牙齿强壮并向内倒钩，只要进嘴的猎物就很难逃出。

深海小飞象

"深海小飞象"是一种人们了解不多的特殊章鱼，是烟灰蛸属 *Grimpoteuthis* 章鱼。因其外貌酷似迪士尼动画片中的小飞象（Dumbo）而得名，俗称"深海小飞象"或"小飞象章鱼"（Dumbo Octopus）。胴部袋状，较短，具有一对较大的肉鳍，在水中游泳时犹如小飞象扇动耳朵在水中摇曳，憨态可掬。皮肤光滑，肌肉松软、明胶质，具八条腕，每条腕上具吸盘1行，在2个吸盘之间生有2行须毛短，其腕也可以让它们在海底爬行、捕食等。

偕老同穴

偕老同穴是一种玻璃海绵。它们拥有非常精致的白色网状身体，有的表面还有刺，在西方也被称作"维纳斯的花篮"（Venus' flower basket）。偕老同穴海绵的名称和一种称为"俪虾"的小虾有关，这种虾小而纤弱，它们在很小时，便成双结对地经筛板孔进入偕老同穴中空的中央腔，在那里生活、成长，取食随海水流入的有机物，生活在里面既安全又能得到食物。随着小虾长大，它们在海绵体内再也出不来，成对相伴直至寿终，因此人们把这种海绵称为偕老同穴。俪虾的俪就是夫妻恩爱的意思，俪虾也因此而得名。偕老同穴被认为是爱情永恒的象征，在一些地方，其标本被作为结婚礼物，祝福新人白头偕老。

偕老同穴

偕老同穴

海葵

海葵

    虽然海葵看上去很像花朵，但其实是捕食性动物，它的几十条触手上都有一种特殊的刺细胞，能释放毒素。海葵的食性很杂，食物包括软体动物、甲壳类和其他无脊椎动物甚至鱼类等。这些动物被海葵的刺丝麻痹之后，由触手捕捉送入口中。在消化腔中由分泌的消化酶进行消化，食物由消化腔中的内胚层细胞吸收，不能消化的食物残渣从口排出。海葵多数不移动，有的偶尔爬动，或以翻慢筋斗方式移动。科学家还发现海葵的寿命远远超过海龟、珊瑚等寿命达数百年的物种，是世界上寿命最长的海洋动物。有研究采用放射性同位素碳-14技术对3只采自深海的海葵进行测定，发现它们的年龄竟有1500-2100岁。

海葵（卡罗琳海山，水深700m）

走向深海
西太平洋深海科考画册

第二章
海　山

海葵（卡罗琳海山，水深 1024-1432m）

深海狗母鱼（卡罗琳海山，水深 760m）

水螅（卡罗琳海山，水深 976m）

海葵

海葵（马里亚纳海山，水深 1260m）

第二章
海　山

偕老同穴（卡罗琳海山，水深 1430m）

捕蝇草海葵（马里亚纳海山　水深1430m）

伞花海鳃

异腕虾与围线海绵（马里亚纳海山，水深1370m）

海鳃

海鳃

　　海鳃有的像羽毛，有的像细棒，还有的形状像肾脏。海鳃是群体生活动物，我们看到的这一片"羽毛"并不是一只海鳃，它其实是由成千上万的海鳃水螅体组成的。上部羽茎有水螅体，或分支而着生数个水螅体。中央茎下部是柄，使群体固定在泥沙中。中央茎是初级的水螅体，口和触手退化，仅剩一肉质茎，茎的中央有角质棒加固。茎的分支是次级水螅体。次级水螅体长着一些像花朵一样的触手，而初级水螅体没有触手只是一根细棒的模样。水螅体的身体内部有一条管道，并且管道彼此互相连通。靠着这些管道的进水和排水，海鳃就能涨大或缩小自己的身体。带有触手的水螅体可以捕捉水中的生物为食。新出生的小个体在水中漂浮一个星期后就沉到海底并会发育成一个新海鳃群体的初级水螅体。海鳃不仅颜色美丽，很多种类还会在受到刺激时发光。

拟柳珊瑚（卡罗琳海山，水深 1250m）

筐蛇尾、海百合、海绵、珊瑚等（卡罗琳海山，水深 1050

巨大海葵

石蟹（卡罗琳海山，水深 785m）

走向深海
西太平洋深海科考画册

躄鱼（雅浦海山，水深 360m）

翁戎螺

翁戎螺

　　翁戎螺的英文名为 Slit Shell，意思是有裂缝的螺。其主要特征为壳口有一道裂缝，罅裂达壳底周围的一半，这条裂缝是呼吸和排泄的通道。在成长的过程中，先前的裂缝会被封起来，形成一条裂缝斑带。栖息于 80 至数百米的海底礁石缝中，它们以腹足在水底爬行或者滑水前进；食物是海绵和海藻。翁戎螺被认为是最原始的腹足纲动物，发现有大量的化石种，现生种较少。通过对翁戎螺化石的研究，科学家确定翁戎螺是在 5.7 亿年前的寒武纪就出现在地球上的海洋生物之一。由于翁戎螺历经数亿年演变，依然保留了和祖先相同的形态，生物学家将翁戎螺誉为海洋贝类中的"活化石"。翁戎螺在贝螺收藏界是藏家们追逐的目标。

珊瑚林（卡罗琳海山，水深 1246m）

偕老同穴（卡罗琳海山，水深 930m）

丑柳珊瑚（雅浦海山，水深 288m）

甲胄海葵（马里亚纳海山，水深610m）

囊袋海胆

　　囊袋海胆属于柔海胆目囊袋海胆科，有别于其他柔海胆目成员的地方是，它们具有更为特化的结构，以便适应深海柔软底质的极端生活环境。在它们的反口面有一些特化的管足，可以膨大成长袋状，犹如吊了许多气球在身上。一般海胆的管足只有吸附功能和呼吸功能，它们的管足却多了增加浮力的功能。而在底下的口面，大棘的构造也不同于其他的柔海胆，它们口面的大棘保留了尖锐的尖端，且在外面套上一层膨大的皮膜组织，像穿了透明的鞋套一样，使大棘的末端具有膨大的马蹄状外观，增强了其在软底质上行动的能力。

囊袋海胆

花萼海绵（雅浦海山，水深1025m）

柳珊瑚

拂子介海绵（马里亚纳海山，水深 670m）

金柳珊瑚（马里亚纳海山，水深 808-1935m）

走向深海
西太平洋深海科考画册

伞花海鳃（雅浦海山，水深 1025-1382m）

第二章
海 山

柔海胆（雅浦海山，水深 280m）

拟围线海绵（雅浦海山，水深 900m）

海绵与海百合（马里亚纳海山，水深 1330m）

走向深海
西太平洋深海科考画册

大眼鲷（马里亚纳海山，水深 240m）

第二章
海 山

纽形白须海绵（雅浦海山，水深 900m）

海葵

丑柳珊瑚（卡罗琳海山，水深 1200m）

柳珊瑚

深海由于其独特的环境，导致生存在这里的生物普遍生长缓慢，性成熟晚，繁殖力低。但由于其环境相对稳定，有些生物能在这里长久的生长。*Nature* 在 2009 年曾报道珊瑚能生存数千年。目前，世界上最年长的海洋生物是一株夏威夷的深水黑珊瑚，寿命有 4200 多年。在海洋先导专项执行期间，我们也有幸在海山深处发现了一株直径达 52mm 的柳珊瑚。深海珊瑚生长极慢，有报道称其每年生长 4-35μm，据此推算，我们发现的这个"老寿星"可能已经生长了 5000 多年。

正因为海山生物生长周期长，所以其生态系统非常脆弱，一旦破坏，极难恢复。对海山生物本底资源的调查和认识，是进行海山生物资源有序开发利用和保护的先行基础，也关乎国家深海大洋权益和相关话语权。

第二章
海　山

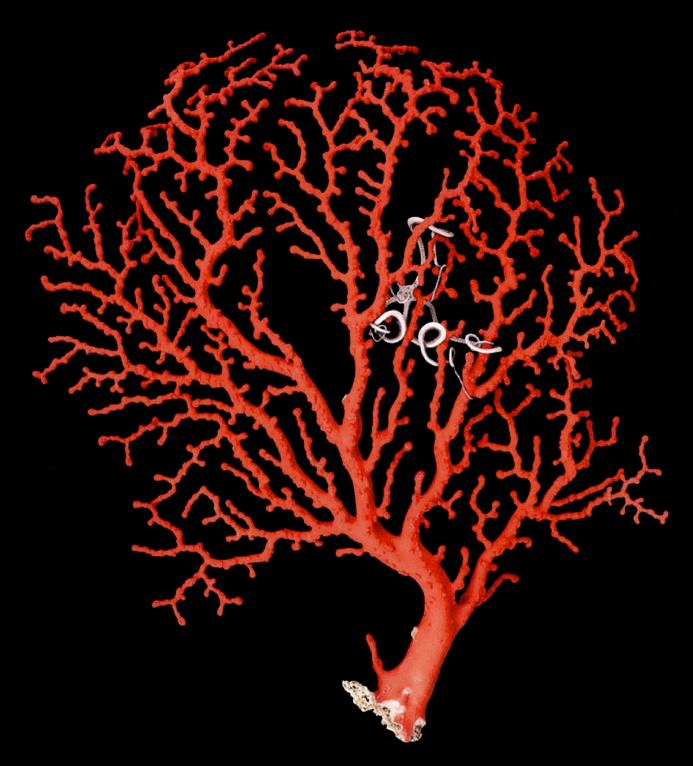

红拟柳珊瑚（雅浦海山，水深 373m）

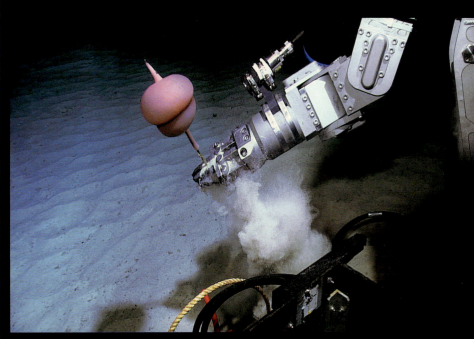

ROV 在下潜

二、海山综合探测

　　雅浦俯冲带是西太平洋比较年轻的一个俯冲带，其海沟深度尽管小于马里亚纳海沟，但这里是研究板块俯冲与消亡的天然实验室。除发育雅浦海沟以外，在俯冲带前缘还发育有卡罗琳洋底高原。雅浦海沟与马里亚纳海沟相连，为典型粗糙海底俯冲，综合地球物理探测资料和岩石样品可用于研究俯冲带地壳结构及演化特征、物质循环与流体循环机理及其对断层孕震机制影响，对查明浅部资源、深部岩石圈结构和构造特征，以及地球动力学过程等都具有重要的意义，还可以丰富俯冲工厂的理论。

　　海洋先导专项执行期间对雅浦俯冲带开展了综合地球物理调查，同步采集了反射地震、热流、重磁、多波束和浅地层剖面及天然地震等多种地球物理数据。岩石取样可以用来厘定俯冲带的年龄，其中拖网是获取部分岩石样品一种重要手段。多波束探测图像显示了变化莫测的海底，沟壑纵横，高低不平。综合地球物理资料分析研究，揭示了雅浦俯冲带的地壳结构及形成机制，修正了其演化模式，并初步查明了卡罗琳洋底高原的裂解特征与成因。在获得新认知的同时，还发现了雅浦岛弧沿南北方向在地貌和地壳结构上存在巨大差异，这是否是某种深部过程造成的？卡罗琳洋底高原在俯冲的同时发生了裂解，但是否生成了新的洋壳？目前是否还在裂解？这里是否会发生灾难性大地震？深部物质循环过程如何？不断地发现未知正是海洋科学的魅力所在，也是驱动科学家不断深入探索深海的动力。

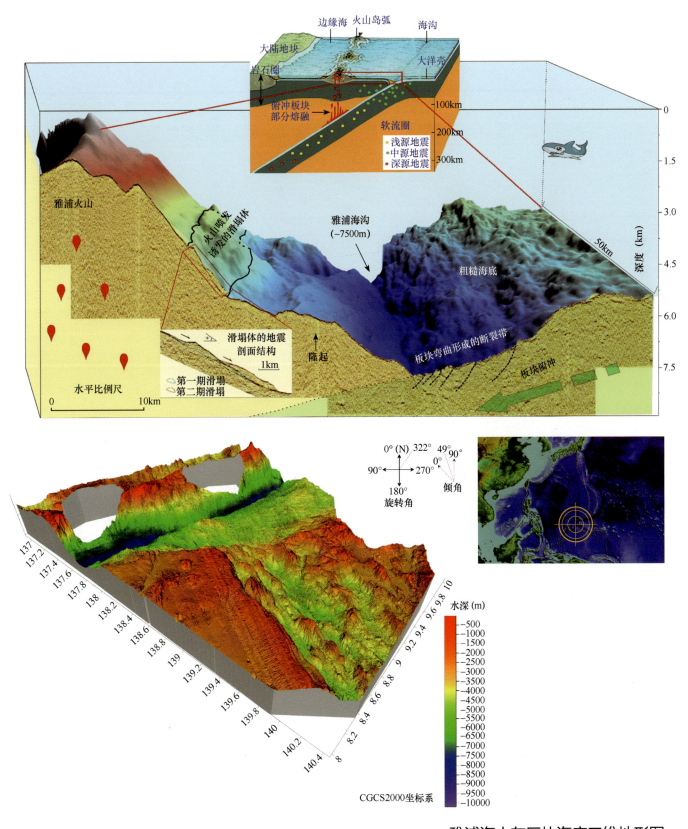

雅浦海山东区块海底三维地形图

第二章
海　山

采集反射地震资料

投放海底地震仪

走向深海
西太平洋深海科考画册

冷泉区着陆器深海工作场景

走向深海
西太平洋深海科考画册

羊年春节的红包

第二章
海　山

"放鞭炮！福气到！福气到！"

走向深海
西太平洋深海科考画册

搬运采集大量样品

第二章
海　山

首席科学家与船长在专注的研究着、欣赏着这些玄武岩样品

马里亚纳海沟布放热流计

第二章
海　山

布放热流计入水

第二章
海　山

走向深海
西太平洋深海科考画册

第二章
海　山

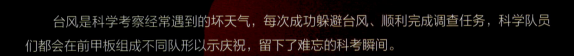

台风是科学考察经常遇到的坏天气，每次成功躲避台风、顺利完成调查任务，科学队员们都会在前甲板组成不同队形以示庆祝，留下了难忘的科考瞬间。

第三章

极端环境与生命

一、深海热液

深海热液俗称"黑烟囱",主要出现在洋中脊和断裂活动带上,存在于海底的火山口。海底热液活动是海底的一种自然现象,主要包括喷口流体和海底下的流体,其中海水、沉积物中的孔隙水、岩石中的结晶水及孔隙水和从岩浆中释放出来的流体组分等均可构成热液流体的源。热液流体主要指喷口流体(又称热泉),普遍高温,但也会有中低温,甚至与海水温度接近,其大多呈酸性,但也有碱性。与其相关的重大资源问题、环境效应问题和非光合作用的"黑暗食物链"等生命过程已成为近半个世纪海洋科研的焦点。国际上对深海热液系统的研究主要集中在洋中脊区域,广度相对薄弱。弧后盆地热液系统研究的核心科学问题就是:它们与洋中脊相比其典型特征有哪些?演化机制如何?不同区位的弧后热液系统之间有什么关联?

冲绳海槽热液区和马努斯热液区都属于典型的弧后盆地,但是二者却有明显的差异,对这二者的探索对比能有效加深对热液活动的认识。冲绳海槽热液活动类型丰富,主要分布在中部和南部,以中部居多。利用"发现"号,科学家们在冲绳海槽中部 Jade 热液区看到了热液喷口,以及伴生的丰富的硫化物矿产和生物群落。冲绳海槽南部热液区分布着壮观的"黑烟囱"林,为了开展该区域取样与原位探测研究,科学家们对该区域地形地貌进行探测,以便寻找合适的热液位置开展研究。通过拉曼探头及温度探针,测得冲绳海槽中部热液区热液流体温度可达 243℃,探测原位流体中二氧化碳、甲烷的真实浓度,比通过采样在实验室分析的气体浓度高,还在冲绳海槽热液区发现了二氧化碳溢流区,在该区域监测到了液态二氧化碳和超临界态二氧化碳,对认识生命起源具有重要意义。

马努斯热液区是一个相对成熟的弧后盆地热液区,与冲绳海槽热液区形成了鲜明的对比。马努斯海盆发育多处海底热液活动区,多数位于马努斯海盆东部,少数位于马努斯海盆中部,均分布在水深 30-2500m 的海底。马努斯海盆中部的 Vienna Wood 热液区,位于马努斯扩张中心的东北端,烟囱体具有现代洋中脊热液硫化物的特征。为了获得热液区清晰海底照片,我们把海底多波束安装在 ROV 上,来获得亚米尺度海底地形地貌。大量观测表明马努斯的热液类型丰富,既分布着高温的"黑烟囱"热液区,又分布着低温的"白烟囱"热液区,同一地质背景下产生了不同的热液区,这为研究不同热液活动的形成机制提供了平台。2015 年,"科学"号在 PACMANUS 热液区发现了大量玄武岩样品,利用 ROV 机械手获得了大量新鲜样品,用于研究热液流体活动。在该热液区采集到了高精度的地球物理数据、珍贵的原位流体数据、大量的高清海底影像和丰富的生物样品,为热液活动的研究提供了宝贵的资料。

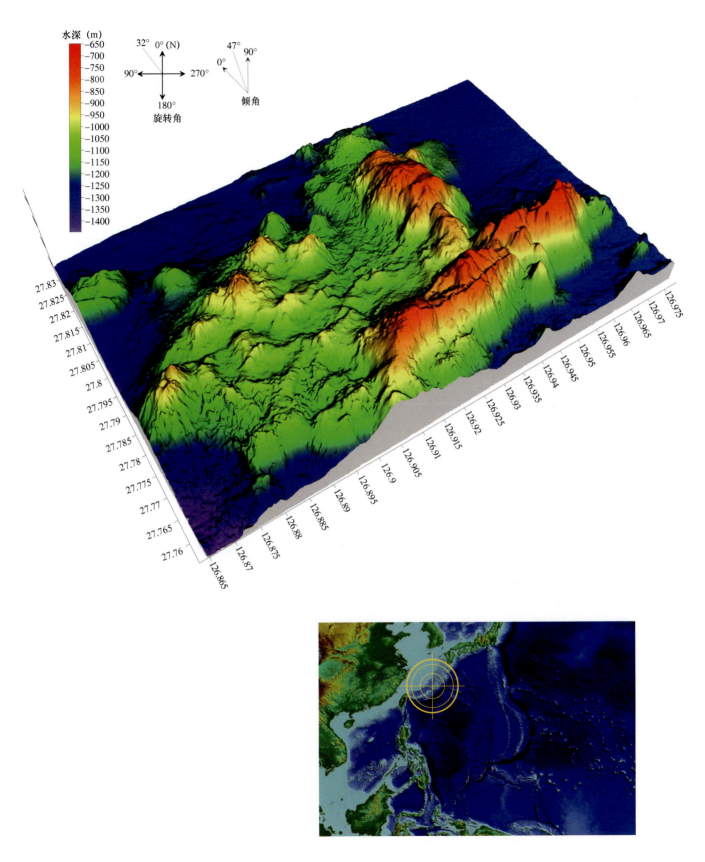

冲绳海槽南部热液区三维地形图

谷蛸

第三章
极端环境与生命

冲绳海槽 Yonaguni Knoll IV 热液区的烟囱体及"镜面"

冲绳海槽 Dragon 热液区的"黑烟囱"

在冲绳海槽 Jade 热液喷口进行原位探测的激光拉曼光谱探测（Raman insertion probe，RiP）系统

冲绳海槽 Yokosuka 热液区

走向深海
西太平洋深海科考画册

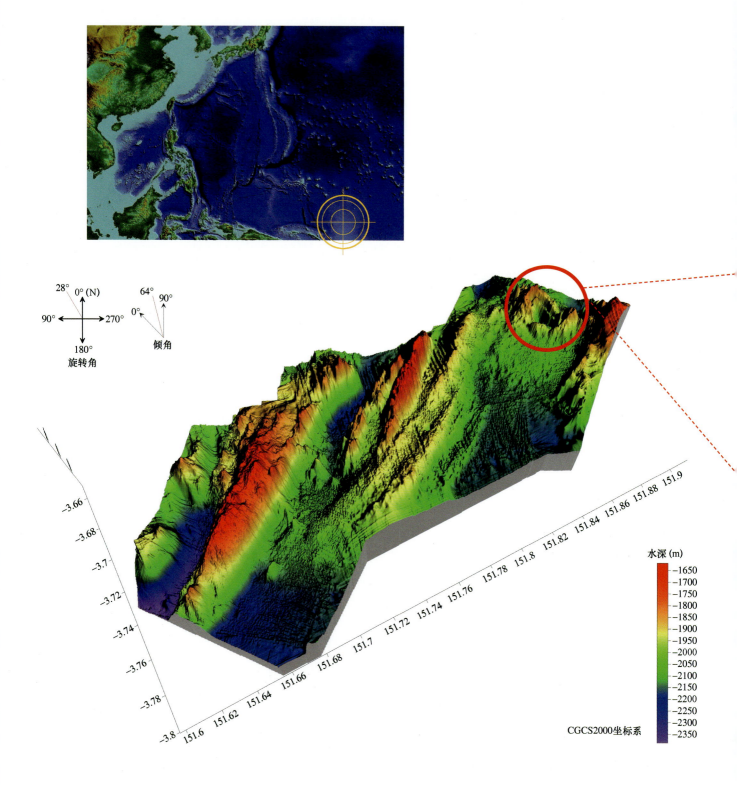

船载多波束测量三维地形图

86

第三章
极端环境与生命

ROV 测量三维地形图

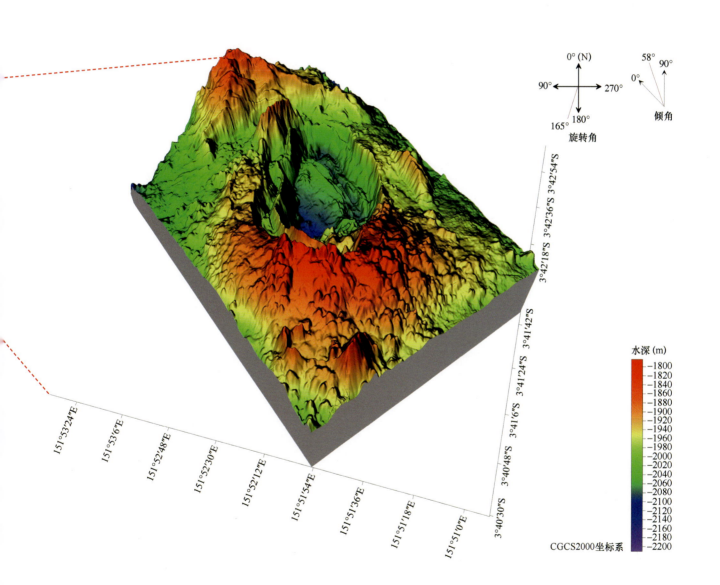

温度探针对马努斯热液区的流体进行原位探测

RiP 系统对马努斯热液区的"白烟囱"进行原位探测

RiP 系统和温度探针在 Jade 热液区进行原位探测

"发现"号 ROV 在马努斯热液区的烟囱体采集保压流体样品

"发现"号ROV在马努斯热液区的烟囱体采集生物样品

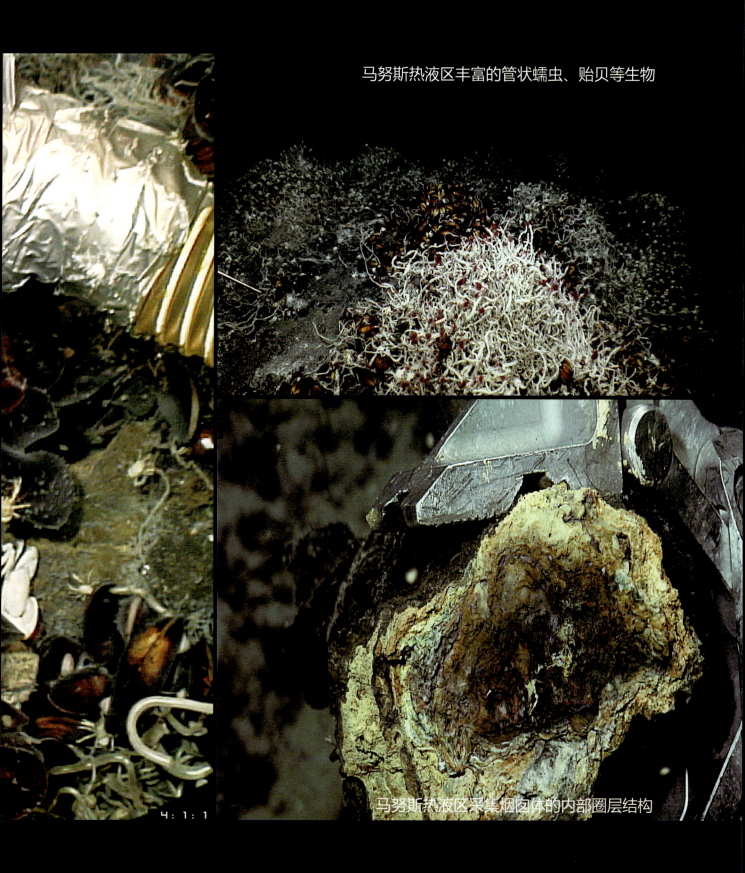

马努斯热液区丰富的管状蠕虫、贻贝等生物

马努斯热液区采集烟囱体的内部圈层结构

二、深海冷泉

冷泉（cold seep 或 cold vent）是近海底区域硫化氢、甲烷或其他碳氢类流体出现的区域，大量流体可能来自下部地层，沿着断层、裂隙等向上运移，并伴随一系列物理、化学和生物作用。自20世纪80年代首次发现以来，海底冷泉系统就一直是海洋地质和生物学研究的热点。经过四十多年的调查与研究，人们在世界众多海域都发现了海底冷泉系统，特别是油气资源丰富的被动大陆边缘和处于挤压构造背景条件下的主动大陆边缘，如墨西哥湾布什海山、俄勒冈岸外 Cascadia 大陆边缘的水合物脊、中国南海。2004年6月，在广州海洋地质调查局与德国基尔大学莱布尼兹海洋科学研究所合作展开的海上调查航次中发现了面积达 430km² 的"九龙甲烷礁"自生碳酸盐岩区。2007年发现了位于台西南海域福尔摩沙海脊上的冷泉区，2015年发现了位于琼东南海域的"海马"冷泉区。

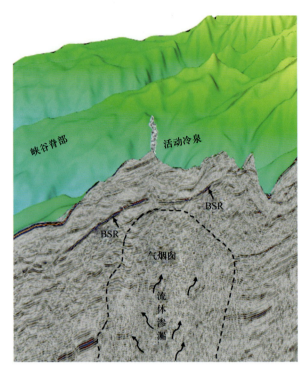

冷泉地震反射特征

在海洋先导专项支持下，自2014年开始逐步在福尔摩沙海脊开展研究工作，该冷泉水深1120多米，通过对海底地形图的研究可知该区域发育了大规模海底峡谷，而且深部流体向上运移、充足的气源、合适温压环境为形成天然气水合物提供了重要的场所，该冷泉周围发育了大范围似海底反射（bottom simulating reflector，BSR）。与"九龙甲烷礁"相比，发现福尔摩沙海脊的冷泉区迄今仍然在活动，而且冷泉喷口处于变化中。2014年，我们利用"发现"号ROV搭载的影像系统和少量传感器，在该冷泉区进行了初步的原位观测和取样工作。2015年，为了获得喷口处精细地形地貌，做到准确取样，我们把深水多波束系统安装在ROV上，获得了该冷泉区的精细地形地貌信息，并结合各种地球物理探测，从深部地层到近海底研究冷泉形成的地质过程。研究发现，在冷泉区取样分析与原位探测结果比较，甲烷浓度相差25倍，并且首次实现了激光拉曼光谱探测系统的ROV搭载，获得了该冷泉区孔隙水的原位化学特征。2016年，ROV进一步配置了深水侧扫、浅地层剖面系统和三维激光扫描系统，ROV深海移动观测平台初具规模。利用该平台，我们获得了该冷泉区的底质特征、浅地层结构、海底表征及分布等信息，为该冷泉系统的综合研究提供了全方位的基础资料。通过"发现"号ROV的高清摄像头，科学家们第一次观测到冷泉区繁盛的生物群落时，每个人都被兴奋、好奇和震撼包围。在冷泉喷口，大量甲烷气泡正从海底向上冒溢，在原位条件下快速形成了天然气水合物。

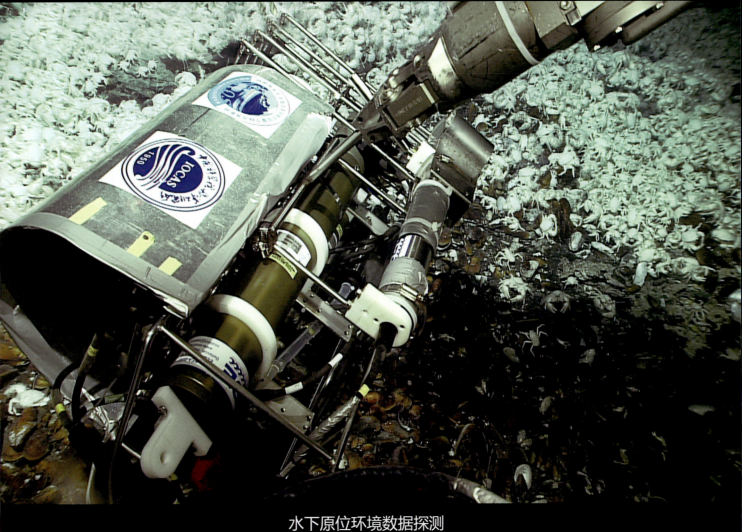

水下原位环境数据探测

南海冷泉区海底繁盛的生物群落（贻贝、铠甲虾、潜铠虾等）

　　海底热液区和冷泉区的环境非常复杂，科学家若将这类区域的流体采集到岸上，流体的温度、成分、酸碱度等参数会发生明显变化，对后期分析造成一定误差。针对这种情况，海洋科学家萌发出"将实验室搬到海底"的想法。激光拉曼光谱技术具有对样品无须处理、无损、原位探测的优点。基于上述优点和深海原位探测的需求，海洋先导专项研发了国内首套用于深海原位探测的激光拉曼光谱探测系统——RiP 系统，实现了"将实验室搬到海底"梦想。

　　成功布放了 Lander 系统，实现了对该冷泉区的长时间连续观测，获得了该冷泉区 2016 年 9 月 11 日到 2017 年 9 月 27 日的近 381 天连续观察资料。这一系列操作，标志着基于 ROV，我们实现了"将实验室搬到海底"，实现了在深海开展原位探测、培养实验、长期观测的新模式，实现了多层次、多维度、多时相、多学科数据综合获取和分析。

暴露在南海冷泉区海底的天然气水合物

在南海冷泉区快速合成的天然气水合物

RiP 系统在南海冷泉区原位探测天然气水合物

RiP 系统对南海冷泉区的沉积物进行原位探测

三、大型生物

　　自古至今，"上天下海"是所有人的一个梦想。由于高压和缺少阳光，深海一直被认为没有生物存活，直到1977年"阿尔文"号深潜器在东太平洋加拉帕戈斯裂谷发现深海热液及深海生物。通常情况下，温度超过40℃，大部分植物和动物就难以生存。这些热液区水深2600m，热液喷口温度高达350℃，但奇怪的是热液喷口周围生活着以管状蠕虫和贻贝等为主体的特殊生物群落，谁能想象得到，在永远不见阳光的漆黑海底竟有这样一个奇异美妙的"深海绿洲"！热液生态系统被认为是深海生物学近百年来最激动人心的发现，这一深海探索成果也被誉为20世纪生物学和地球科学领域最重大的发现之一。

　　在这个没有阳光、海水超过沸点、高压的深海环境下的生命系统被发现后，便立即成为生命形成和演化方面"无法解答的复杂谜题"。据推算，水深每增加10m，水压就会增加1个大气压，好比在水深4000m的海底，一个成年人身上要承受上百吨的压力。在这样恶劣的环境下，怎么可能有生物呢？随后的调查研究结果表明，热液生物群落在食物链结构特别是食物链初级环节部分与以光合作用为主的生物群落截然不同，它们属于化能生态系统，因此也被称为"黑色生物链"。

　　1977年之后的40年中，由于巨大的热通量、海底热液生物、"黑暗生物链"等与生命起源有关的因素存在，海底热液和冷泉发育区成为天然的海底实验室，也因此引发了科学家们对诸如生命起源、演化等一系列重大生物学问题的思考。

　　2013年以前，我国科学家对深海热液等化能生态系统这一学科前沿开展的系统研究几乎为零。2014年3月，在海洋先导专项的试验航次，随着"发现"号ROV的下潜，多年从事海洋生物多样性研究的科学家们被眼前的景象所震惊，贻贝和潜铠虾等密密麻麻地爬满整个山头，这种身临其境的震撼无法用语言表达。在随后的深海冷泉和热液取样中，团队工作人员采集到了活的深海大型生物，发现了深海生物新物种，标志着项目组的生物学研究终于走进深海，"卡脖子"的深海调查技术终于实现突破。

第三章
极端环境与生命

船蛸（马努斯海盆）

热液和冷泉共有物种的"成长史"

深海化能生态系统中的大型生物的生活史研究很少，能活多久？分为几代？这些目前都不清楚。贻贝科深海偏顶蛤属 *Bathymodiolus* 全世界已知 30 种，均栖息于化能生态系统，海洋先导专项采集到 4 种。冷泉和热液是不同的化能生态系统，二者成因等完全不同，所以罕见共有的大型生物。海洋先导专项调查发现，包括平端深海偏顶蛤在内的 3 个物种是南海冷泉和冲绳热液生态系统的共有优势物种，这为研究深海大型生物如何适应化能生态系统提供了极好的研究材料。

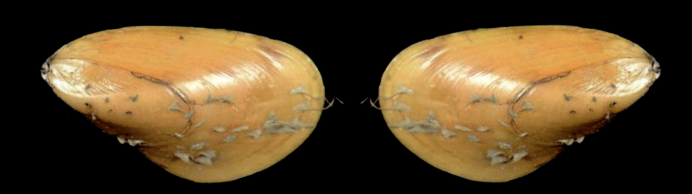

平端深海偏顶蛤 *Bathymodiolus platifrons* Hashimoto et Okutani, 1994

克氏球刺螺
Alviniconcha kojimai Johnson, Warén, Tunnicliffe, Van Dover, Wheat, Schultz et Vrijenhoek, 2014

第三章
极端环境与生命

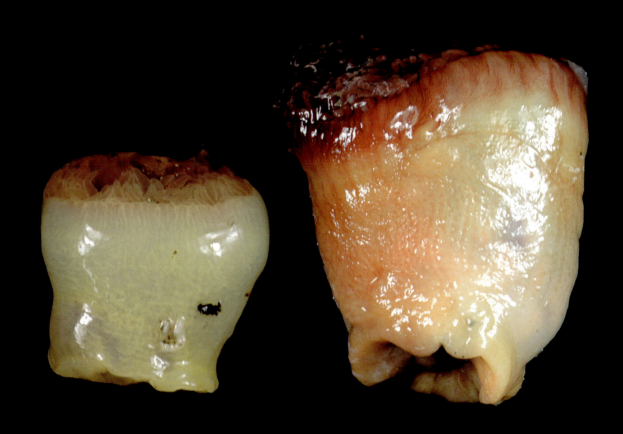

艾尔文海葵 *Alvinactis chessi* Zelnio, Rodríguez et Daly, 2009
同一物种，两种表型

刘氏尾瘦虾 *Urocaridella liui* Wang et Sha, 2015

深海是一片黑暗的世界，生物为了适应这种环境，眼睛往往是退化的。新海阿尔文虾属 *Shinkaicaris* 的物种仅发现于深海热液喷口附近，全世界已知 1 种，海洋先导专项在冲绳热液区采集到 1 种。光足新海虾仅发现于冲绳海槽，这种虾的眼后部的头胸甲变薄，演化出另一对"眼睛"，故称为"四眼虾"。

光足新海虾 *Shinkaicaris leurokolos* (Kikuchi et Hashimoto, 2000)

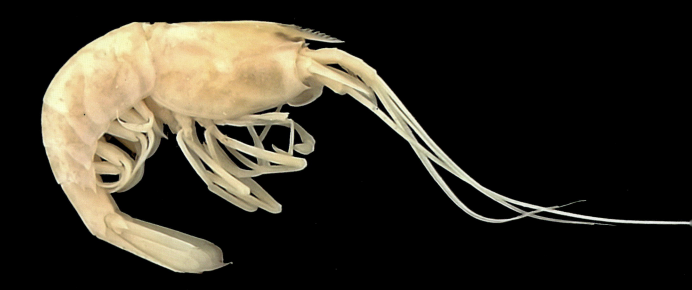

刘氏马努斯虾 *Manuscaris liui* Wang et Sha, 2016

科学阿尔文虾 *Alvinocaris kexueae* Wang et Sha, 2017

走向深海
西太平洋深海科考画册

多刺仿石蟹
Paralomis multispina (Benedict, 1895)

柯氏潜铠虾
Shinkaia crosnieri Baba et Williams, 1998

多刺仿石蟹
Paralomis multispina (Benedict, 1895)

石蟹生态照

石蟹常见于热液和冷泉生态系统核心区的外围，为高级捕食者，可模拟深海环境的颜色来保护和隐蔽自己。拟态这种生物学现象广泛存在于动物界中。

石蟹

原深茗荷
Probathylepas faxian Ren et Sha, 2015

渗蛇火山始茗荷
Ashinkailepas seepiophila Yamaguchi, Newman et Hashimoto, 2004

奥氏热泉茗荷
Vulcanolepas osheai (Buckeridge, 2000)

第三章
极端环境与生命

赫氏拟阿文虫 *Paralvinella hessleri* Desbruyères et Laubier, 1989

环节动物拟阿文虫属 *Paralvinella* 的物种仅栖息于深海热液区，全世界已发现 9 种，海洋先导专项采到 2 种。赫氏拟阿文虫栖息于烟囱壁上，是深海化能生态系统最耐高温的大型生物之一。

第四章

深海潜标网

走向深海
西太平洋深海科考画册

在海洋先导专项实施初期，国内外尚没有大规模的大洋潜标观测网络，大洋百米以深数据的实时传输更是世界海洋观测难题，国内外对西太平洋深海环境的长期、实时掌握基本处于空白。与此同时，我国的深海潜标布放回收技术还很不成熟，布放回收成功率低。为解决这些问题，海洋先导专项计划通过构建西太平洋潜标观测网，对西太平洋西边界流、纬向流和中深层环流等开展大规模同步连续现场观测，填补国际上对西太平洋上层和中深层水文环境和海洋环流的观测空白，为西太平洋海洋动力过程科学研究提供数据；并通过实现深海数据实时传输为海洋环境和气候预报提供支撑。中国科学院海洋研究所经过5年多的建设，成功建成了我国首个西太平洋实时科学观测网并实现稳定运行，我国的深海连续和实时观测能力得到了显著提升。

西太平洋实时科学观测网现已拥有20余套深海潜标和3套大型浮标，共计1000余件观测设备，现已成功获取最深观测深度达5800m、连续4~5年的温度、盐度和海流等数据，正在不断刷新我国观测网获取深海数据的最长时间记录，我国西太平洋潜标网观测的时空分辨率已达到国际领先水平。

深海数据的实时传输对海洋预报系统的完善和科研成果的加速产出意义重大，各国纷纷致力于其研究攻关。20世纪90年代，海洋卫星技术的发展实现了海洋表层数据的实时传输，美国和日本建成的由70套浮标组成的赤道太平洋TAO-TRITON浮标阵列，提供了实时的海气通量和上层百米海洋温度等数据，为监测、预报和理解厄尔尼诺及拉尼娜气候现象做出了贡献。海表和海气界面的观测数

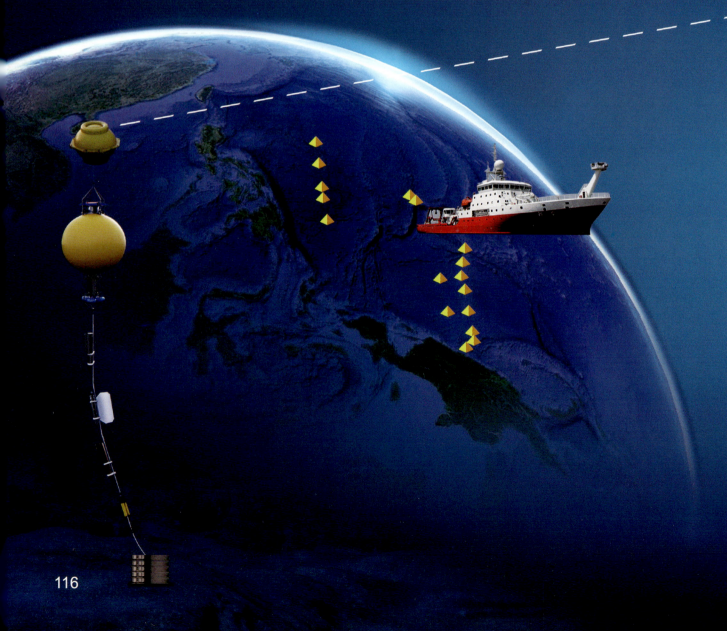

据实现实时传输后,海洋学家亟待解决深海数据的实时传输问题,这对提高气候预报精度具有重要意义。

深海数据的实时传输需要克服两大技术难点。第一,深海潜标最上面一个浮体距离海平面也有四五百米,数据很难穿透海水传输到卫星。因此,如何实现潜标观测、数据水下采集和传输、卫星通信等多系统集成,并设置好其工作程序,降低功耗、实现长时间稳定工作是深海数据实时传输的难点。第二,海上现场作业有很大的不确定性和工程难度,潜标的布放是一个压力快速变化的过程,如何在这一过程中保证实时传输系统设备的正常工作是深海数据实时传输的另一个难点。

2016年,实时潜标系统成功连续实时回传280余天,创造了国内外有明确文献记录的实时获取深海数据的最长工作时间。2017年,对系统进行了技术完善和标准化生产,实现了从单套到组网、从水下1000m到3000m的深海数据实时传输的功能拓展,标志着西太平洋实时科学观测网的初步建成。2018年,实现了深海大容量数据基于北斗卫星的实时传输,改变了以往使用国外通信卫星的历史,确保了我国自主数据的安全可靠传输,同时融合感应耦合和声学通信技术首次实现了深海6000m全水深数据的实时传输。通过这些创新性工作,西太平洋实时科学观测网具备深海数据实时传输功能的潜标套数、设备深度、设备密度逐步增加,系统运行的稳定性和长期性大幅提高,总体技术指标已达到国际先进水平,部分关键技术是国际首次实现。

西太平洋实时科学观测网构建,凝聚了整个团队的智慧与汗水,科学家们对实施方案精益求精的设计、商讨、修改,海上考察队员事无巨细地落实每一项工作,工程技术人员劳心劳力确保设备正常运行,正是所有人的共同努力才累积成了观测网的成功。而许多为之贡献力量的人,留给我们的可能只是些许背影,他们每一个人都是织成这张网的一根线,缺一不可。

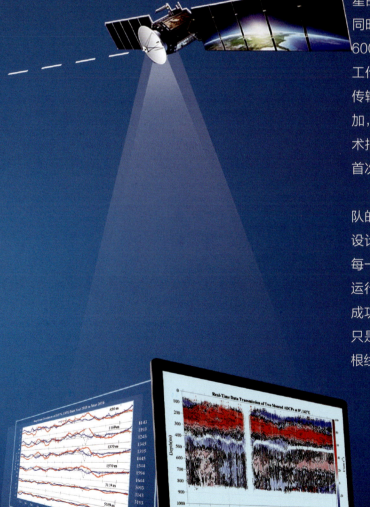

2016年西太平洋航次进行全海深温度盐度观测

西太平洋布放海洋小尺度湍流观测设备

走向深海
西太平洋深海科考画册

西太平洋航次潜标布放

布放潜标的重力锚

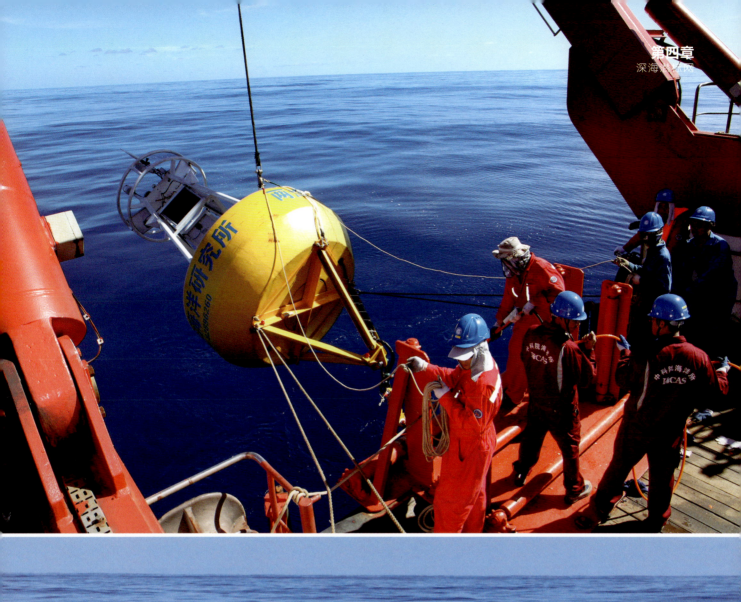

布放大型浮标

走向深海
西太平洋深海科考画册

第四章
深海潜标网

　　潜标回收的第一步是用释放器定位,确定位置后进行释放,潜标主体上浮至海面,队员们需要通过瞭望或雷达扫描等方式,在茫茫大海中找到小小的浮球,每次寻找浮球时,队员们分布在船的各个位置,向各个方向瞭望,一旦谁发现了,便高声大呼,所有人都会兴奋传递。在这茫茫大海中,小小的浮球是队员们眼中最美丽的风景了。

走向深海
西太平洋深海科考画册

第四章
深海潜标网

在潜标回收的过程中，经常会在缆绳或设备上发现"惊喜"，各种小生物附着在其上生存，在茫茫大海中与孤独工作着的潜标做伴，但是这些生物可是个不小的问题，因为它们会造成潜标缆绳的损坏，抑或影响设备测量的准确性，是亟待解决的问题。

必不可少的航次协调与工作部署

科考队员冒雨进行潜标回收作业

第四章
深海潜标网

三十七八度的日子，只要到站，不管烈日骄阳必须马上开始工作，为了防止晒伤，队员们要穿长袖工作服，十分闷热，每次布放或回收需要连续工作2-3小时；一次下来，衣服被汗水湿透，对队员们的体力和精力也是巨大考验。在海上，前一分钟还是晴空万里，不一会儿可能就会来一片乌云，大雨说下就下，一旦开始布放或回收工作，就不能中途停止，所以不管什么天气条件，都要连续工作直至布放或回收的整体任务完成。

小心谨慎布放搬运湍流设备

走向深海
西太平洋深海科考画册

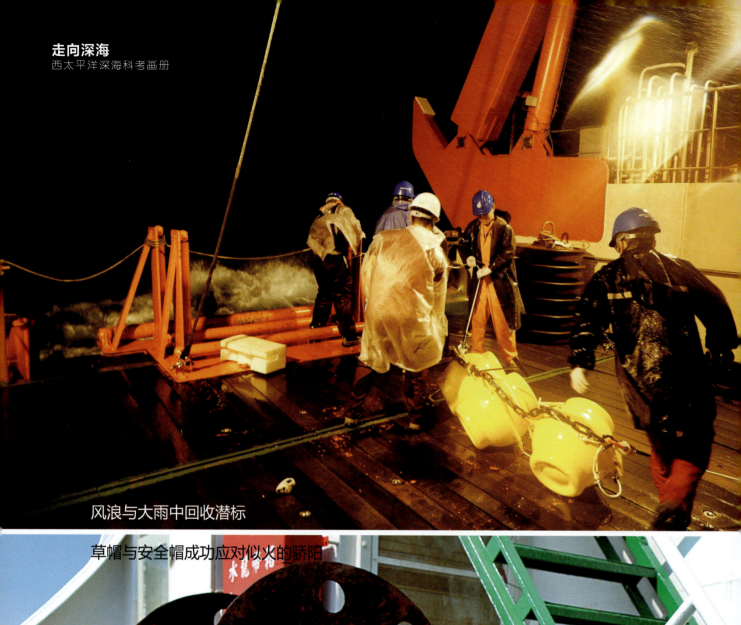
风浪与大雨中回收潜标

草帽与安全帽成功应对似火的骄阳

第四章
深海潜标网

释放器入水划破宁静海面

每次出航前的叮咛与期盼,都充满依依不舍

第四章
深海潜标网

第五章
团队风貌

孙松 研究员

中国科学院战略性先导科技专项（A类）"热带西太平洋海洋系统物质能量交换及其影响"首席科学家。对专项科技目标、重点研究内容和总体实施方案进行顶层设计并进行有效组织实施。提出从海洋系统角度开展西太平洋综合探测与研究，将科学与技术有机结合，开展科学目标驱动下的装备研发；组织进行近海与大洋协同观测。经过五年风雨征程和不懈努力，带领项目组完成了从走向深海、探测深海到认知深海的过程，建立起我国深海极端环境和生命系统探测与研究体系。

王凡 研究员

作为首席科学家带队开展热带西太平洋主流系和暖池综合考察航次。用一首诗抒发自己感悟与收获：五载风雨为初心，万里征程砥砺行，观测网络协力建，实时传输绘美景，狂风破浪浑不怕，画意诗情远方宁，海洋科技强国梦，儿女英雄尽豪情。通过布设和逐年升级西太主流系和印尼海域关键海峡通道潜标观测网，对西太平洋纬向流系及其与西边界流的关联区、中深层环流和印尼贯穿流开展大规模同步连续现场观测，填补国际上在西太平洋主流系和中深层环流观测的空白，为海洋环境和气候预报提供观测数据支撑。实现了深海数据长周期实时传输并共享应用，建成了国际首个大洋实时科学观测网，实现了我国在深海连续和实时观测能力建设的突破性进展。

李铁刚 研究员

承载着中国科学院海洋研究所走向深海大洋的追求与梦想，带着探索科学未知、揭秘大洋深处的责任与担当，以"科学"号科考船和"发现"号深潜器为平台，一个年轻的深海研究团队一路豪歌，开赴深海，走向大洋。短短的五年时间，成功实现了深海科学与技术多个领域零的突破，从望洋兴叹到游刃有余，从知之甚少到系统掌握，从单一学科到多学科交叉融合的质的跨越。多少个除夕思亲之夜，多少个狂风恶浪之时，多少个面对困难凝重的场景，已悄然从我们的记忆中流逝。留给我们的是一支不畏艰难，勇于开拓，敢于创新的年轻且成熟的深海研究团队。她似一粒种子，定将在中国海洋科技创新和海洋强国的春天里，生根发芽，开花结果。

第五章
团 队 风 貌

李超伦 研究员

深海探索一直是人类的梦想。作为中国科学院战略性先导科技专项团队的一员，有幸参与和见证了从浅海走向深海，从"探测取样"到"将实验室搬到海底"的风雨历程和跨越发展。五年时光荏苒，神秘与惊艳相随，挫折与勇气交织，汗水与喜悦相伴。"长风破浪会有时，直挂云帆济沧海。"中国科学院战略性先导科技专项深海团队必将会在人类深海探索中留下中国人闪光的足迹。

李硕 研究员

作为2017年南海综合调查航次第二航段技术首席，我非常兴奋、喜悦，倍感欣慰，感慨万千。感谢全体成员发扬科学严谨、团结拼搏、超越自我的精神，圆满完成航次任务。本航次实现了深海装备之间，以及深海装备与科考船协同作业的一次跨越式发展，是我国海洋科考技术体系和平台能力的综合展示，实现了深海探测设备"用得上、有影响"的目标，大大提高了我国海洋科考工作效率和深远海探测与作业能力。

王东晓 研究员

负责执行印度洋海域观测。五年专项，感慨良多，用一首诗表达自己的内心感受：两洋相望，不相访，叹沧海茫茫。一条丝路，唤潮儿，乾坤豪情辅。融尽万千，巧构温盐，解大洋风险。新思模型，神机妙算，览天机无限。多少英杰，碧海画经纬。曾海里舣艋舟，用尽了思量，众志难伏。日新月异，转望眼，海阔挥洒意气。专项海洋，五年成一气，承前启后。

"科学"号返航时必不可少全家福留念——南海综合调查航次

第五章
团队风貌

走向深海
西太平洋深海科考画册

深海调查作业站位图

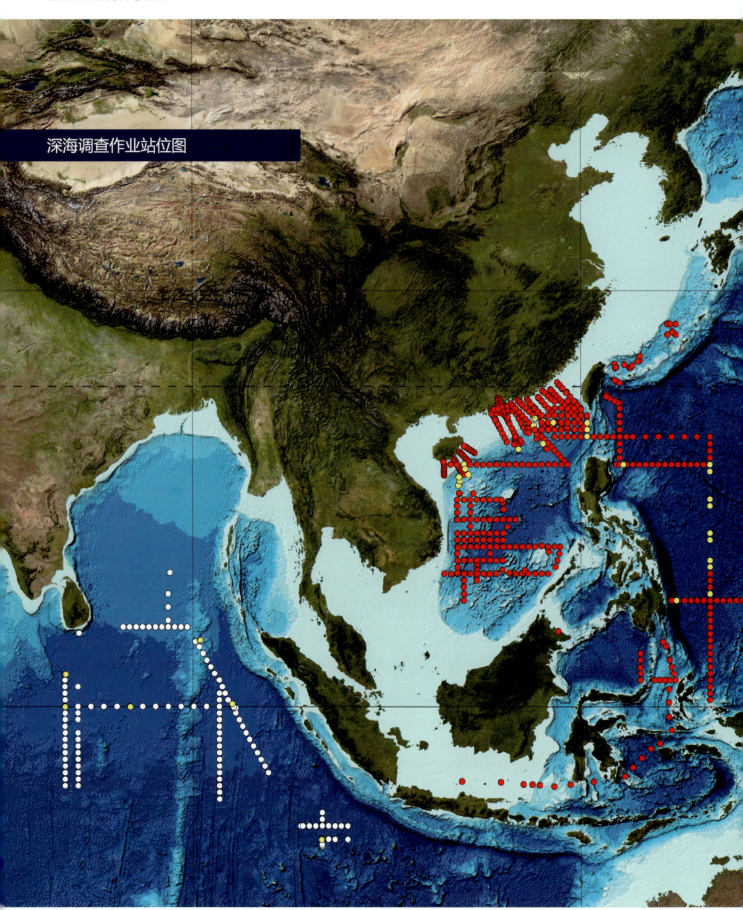

138

第五章
团队风貌

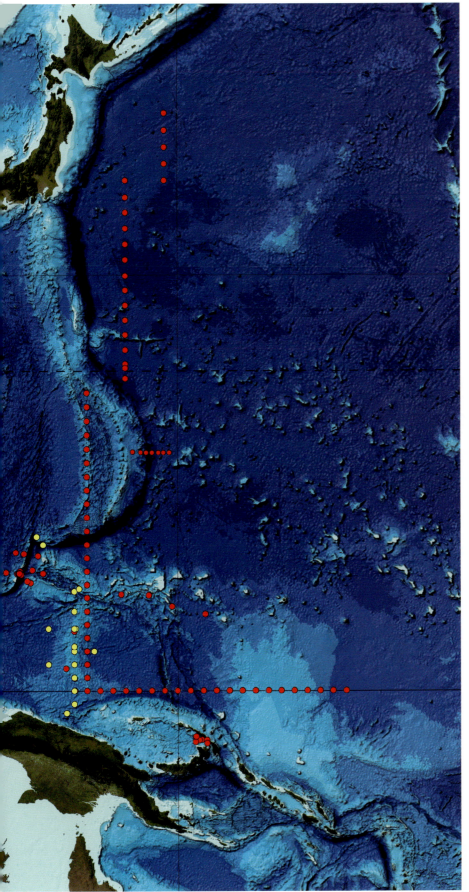

隋以勇 船长（退休）

孙其军 船长

刘合义 船长

陈修峰 船长

徐奎栋 研究员

作为海洋先导专项海山航次中两任航次首席科学家和一任科考队长,参与了全部 3 个海山航次的综合科考。深海大洋科考由于远离祖国,风急浪高,多学科作业更需精心组织,统筹安排,戮力同心。通过海山航次的成功实施,锤炼了技术和研究队伍,获取了我国最大规模且最具多样性的深海生物样品,极大地提高了我国在深海进入、深海探测的能力和水平,为持续深入地开展深海研究打下了坚实基础。马里亚纳海山区综合调查 ROV 航次,历时 39 天,航程约 5650 海里,队长张武昌,船队员 61 人。卡罗琳海山科学考察航次,历时 30 天,航程约 5650 海里,队长张均龙,船队员 64 人。

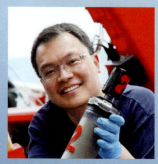

张鑫 研究员

分别担任过海洋先导专项 3 个航次首席科学家,基于这些航次,我们对深海热液、冷泉环境的原位理化参数、生物活动机制有了深入的认识。担任 2015 年马努斯热液 - 南海冷泉航次的首席科学家,本航次历时 84 天,航程 13 000 海里,队长栾振东,船队员 80 人。担任 2016 年冲绳海槽热液 - 南海冷泉航次的首席科学家,本航次历时 35 天,航程 6000 海里,队长栾振东,船队员 80 人。担任 2018 年冲绳海槽热液 - 南海冷泉航次的首席科学家,本航次历时 30 天,航程 7000 海里,队长王敏晓,船队员 80 人。

汪嘉宁 研究员

作为首席科学家执行 2016 年和 2018 年西太平洋科学观测网航次,航次中科研人员突破性实现了深海数据长周期稳定实时传输,获取的连续和实时观测数据将为探索研究热带西太平洋环流的三维结构、暖池变异及其对中国气候变化的影响提供宝贵数据资料。2016 年度航次历时 54 天,航程 7939 海里,队长张祥光,船队员 63 人。2018 年度航次历时 74 天,航程 12 000 海里,队长张祥光,船队员 79 人。

栾振东 正高级工程师

作为 2017 年南海冷泉调查航次首席科学家,本航次对深海典型极端环境——深海冷泉、热液及其附近的化能生态系统开展综合性科学考察。为深入研究深海热液、冷泉系统的演化机制,加深对深海极端环境及特殊生态系统的科学认知提供有力支撑。本航次历时 23 天,航程 5200 海里,队长王敏晓,船队员 80 人。

王秀娟 研究员

作为 2018 年马里亚纳热结构地球物理航次首席科学家,航次期间台风肆虐,全体船队员沉着从容应对 6 次台风,凝心聚力顺利完成任务。在国内首次实现了热流调查的原位测量数据的实时传输,在海沟外隆和弧前区域获得了大量低间距、高密度热流观测及重磁震多波束等综合地球物理数据,为深化研究马里亚纳海沟的孕震机制及水热流体循环提供第一手观测数据。本航次历时 41 天,航程 6600 海里,队长张广旭,船队员 67 人。

第五章
团队风貌

曾志刚 研究员

作为冲绳海槽海底热液活动调查 HOBAB2 航次首席科学家，首次成功地对冲绳海槽热液区进行了环境、资源和热液生物群落的综合探测，获得高分辨率海底地形图、高清海底影像资料、丰富的地质和生物样品，发现冲绳海槽存在大型多金属硫化物矿床。本航次历时 22 天，航程约 4129 海里，队长王晓媛，船队员 78 人。

张林林 研究员

作为西太平洋科学观测网维护与升级航次首席科学家，完成了西太潜标观测网的首次大规模实时化，首次实现西太主流系潜标观测全覆盖，3000m 深海数据首次实现小时级传输。感谢全体船队员的默契配合！感谢年轻的队员们，从一群没有海上经验的研究生，锻炼成一支攻无不克、战无不胜的专业队伍。"技术过硬、作风优良、纪律严明、保障有力"是对你们最好的写照！本航次历时 74 天，航行 9600 海里，队长胡石建和王庆业，船队员 68 人。

董冬冬 研究员

作为 2014 年雅浦海山综合调查航次 II 航段和 2017 年雅浦海山综合调查航次首席科学家。在全体科考队员的昼夜奋战下，我们的辛劳成就了雅浦海山区首次综合地球物理大调查，有欢笑有泪水，所有的一切都在践行我们的誓言：为了海洋事业，我们无怨无悔！2014 年度航次历时 63 天，航程 9753 海里，队长张广旭，船队员 80 人。2017 年度航次历时 21 天，航程 9000 海里，队长张广旭，船队员 70 人。

张武昌 研究员

作为 2015 雅浦海山综合调查航次 II-1 航段首席科学家完成热带西太平洋雅浦岛弧的海山区至黑潮源区的大断面调查，我感到非常的光荣和激动。在航次中有几次晚上暴风雨中作业，队员们团结一致，使我为我国科考队员的奋斗精神所震撼。祝愿"科学"号一帆风顺，祝愿海洋先导专项硕果累累，祝愿我国的海洋科考事业新人辈出，新风劲吹，新文不断。本航次历时 35 天，航程 4500 海里，队长周真杰，船队员 70 人。

钱进 副研究员

作为 2016 年雅浦海山综合调查航次 II-3 航段首席科学家，感谢来自中科院海洋所、南海所和海洋一所等单位科技人员。海上科考极其艰辛，全体船队员精诚合作，圆满完成 32 站位的热流、6 台海底地震仪及 300km 多道地震和 7000km 多波束、浅剖和重磁等数据采集的科考任务。感谢祖国科技的进步，让我们能够在深海大洋中尽情地释放年轻一代海洋人的梦想，为海洋科考事业贡献自己的绵薄之力。本航次历时 41 天，队长张广旭，航程 8805 海里，船队员 65 人。